José Epeko

Técnicas agrícolas

José Epeko

Técnicas agrícolas

ScienciaScripts

Imprint

Any brand names and product names mentioned in this book are subject to trademark, brand or patent protection and are trademarks or registered trademarks of their respective holders. The use of brand names, product names, common names, trade names, product descriptions etc. even without a particular marking in this work is in no way to be construed to mean that such names may be regarded as unrestricted in respect of trademark and brand protection legislation and could thus be used by anyone.

Cover image: www.ingimage.com

This book is a translation from the original published under ISBN 978-620-6-70977-0.

Publisher:
Sciencia Scripts
is a trademark of
Dodo Books Indian Ocean Ltd. and OmniScriptum S.R.L publishing group

120 High Road, East Finchley, London, N2 9ED, United Kingdom
Str. Armeneasca 28/1, office 1, Chisinau MD-2012, Republic of Moldova, Europe
Printed at: see last page
ISBN: 978-620-7-75344-4

TÉCNICAS AGRÍCOLAS

PLANO DE CURSO

O. INTRODUÇÃO

No início, a agricultura era apenas uma arte, que se resumia à recolha, à caça e à coleta. Quando o homem se tornou sedentário e a população aumentou, isso obrigou à aplicação de técnicas de visto, conduzindo a uma revolução agrícola vertical e horizontal.

 Esta abordagem linear, muitas vezes qualificada de "top-down", baseia-se, por um lado, na convicção (pelo menos implícita) de que a estação experimental é essencialmente o local onde se desenvolvem os modelos técnicos de progresso e, por outro lado, numa repartição clara e rigorosa dos papéis entre os diferentes actores: Cabia aos investigadores conceber estes novos modelos e aos extensionistas encontrar os meios adequados para os transmitir aos agricultores, que eram responsáveis pela sua aplicação.

Os temas técnicos propostos podem ser sectoriais ou mais ou menos globais; podem ir de uma operação de cultura específica a um sistema de cultura completo (combinando várias plantas, a ordem em que são cultivadas e os itinerários técnicos recomendados para cada uma delas); o objetivo é, em geral, fornecer um conjunto coerente de temas. A expressão "pacote técnico", atualmente em desuso, floresceu durante os anos da . O pacote técnico desenvolve-se, na maior parte das vezes, em torno da criação de um material vegetal de alto rendimento ao qual estão associadas as técnicas de cultivo susceptíveis de, em determinadas condições edafoclimáticas, exprimir plenamente o seu potencial, É fácil perceber porque é que a estação experimental é o local onde se desenvolvem estes modelos, sendo o desempenho avaliado com base num conjunto de critérios em que o rendimento é o principal critério. O modelo de sistema intensivo é muito valorizado, proporcionando a melhor abordagem possível ao potencial de produtividade permitido pelo material vegetal e pelo ambiente biofísico,

O agricultor deve aplicar as técnicas recomendadas e ser visto como um obstáculo à expressão das potencialidades que os modelos de progresso pretendem exteriorizar. Os termos "vocação do ambiente" e "obstáculos humanos ao desenvolvimento" são expressões-chave de um discurso datado, revelando uma visão do desenvolvimento agrícola orientada para um objetivo primordial, o de "valorizar" o ambiente. Os agricultores são os agentes e considera-se que eles só podem ser os beneficiários.

Os resultados que podem ser observados após a adoção mais ou menos satisfatória da técnica pelos agricultores. A investigação agrícola atribui facilmente a culpa quer aos próprios agricultores (considerados resistentes ao progresso, **incapazes de dominar novas técnicas** ou prisioneiros **de constrangimentos sociais**), quer aos maus métodos de extensão adoptados. Por exemplo, a técnica simples de sementeira de culturas alimentares em linhas foi rejeitada há muito tempo pelos próprios agricultores.

As técnicas agrícolas devem ser aplicadas de acordo com as condições edáficas, climáticas e económicas de cada região; o contrário é possível se houver capacidade para modificar este fator limitante. A compreensão da ecologia é essencial.

As técnicas eficazes que conduzem a bons rendimentos devem obedecer à interação de vários factores. Por exemplo, uma boa escolha da cama de sementeira, a data de sementeira, a manutenção, a conservação dos produtos, etc., devem funcionar em conjunto.

O.1.Objectivos

 O objetivo do curso da componente de tecnologia agrícola é fornecer aos estudantes de desenvolvimento L1 uma visão global da agricultura como uma área básica de atividade ou a pedra angular do desenvolvimento.

Especificamente, permitirá aos estudantes

- ➤ Distinguir entre técnicas agrícolas tradicionais e modernas.
- ➤ Controlo dos dois ambientes em que a planta se desenvolve (solo e atmosfera).
- ➤ Compreender as componentes do rendimento agrícola.
- ➤ Conhecer algumas técnicas especiais de propagação e de produção de plantas.

0.2. Pré-requisitos

Para facilitar a compreensão, os estudantes devem ter um conhecimento básico dos conceitos agrícolas gerais. É por isso que certas noções básicas serão referidas neste curso.

0.3. Relação com outros cursos

Esta disciplina situa-se numa encruzilhada e está intimamente ligada a muitas outras, como a Agricultura Geral, a Fitotecnia, a Ciência dos Solos, a Climatologia, a Sociologia Rural, a Matemática e a Zootecnia. A extensão agrícola, ...

CAPÍTULO I: INFORMAÇÕES DE CARÁCTER GERAL

1.1. As **origens da** agricultura

A agricultura, no seu sentido mais lato, engloba a produção vegetal e animal. A agricultura envolve a domesticação e a produção de plantas e animais úteis ao homem. A domesticação torna as espécies animais e vegetais subservientes aos objectivos humanos, incluindo a alimentação e uma fonte de rendimento para satisfazer as necessidades socioeconómicas. A necessidade económica (a inadequação da caça e da recolha face à explosão demográfica) foi provavelmente o principal fator que esteve na origem do nascimento da agricultura. A agricultura instaurou um modo de vida sedentário. Acima de tudo, alterou as condições socioculturais ao desenvolver um estilo de vida sedentário em detrimento dos sistemas nómadas ou transumanos da época. As aldeias, as cidades, as nações e os impérios foram construídos com base em terras cultivadas. O feudalismo, baseado na posse da terra pelos nobres e na servidão dos camponeses, é caraterístico da época agrícola. **Foi através da agricultura que o homem se tornou sedentário, e o sedentarismo permitiu o desenvolvimento do homem.**

1.2 Definição de alguns conceitos.

1.2.1. Agricultura

Existem várias definições de agricultura, de acordo com diferentes autores e contextos. Para mais pormenores, consultar o curso geral de agricultura. A agricultura é definida como a arte de produzir matéria vegetal viva para consumo humano e animal, cultivando o solo (**Mazinga, 2019**).

Em sentido lato, a agricultura pode ser definida como um conjunto de técnicas destinadas a desenvolver e explorar as plantas (fitotecnia) e os animais (zootecnia) de forma racional e económica.

Por outras palavras, a agricultura consiste na obtenção de produção (animal e/ou vegetal) numa determinada superfície, num determinado ambiente físico e socioeconómico, utilizando factores de produção (**terra, trabalho, bens de capital,** etc.). No contexto deste curso, o termo agricultura tem um significado mais restritivo, na medida em que o foco será nas plantas.

Originalmente, a agricultura era mais uma arte do que uma técnica. Dependia mais **da habilidade e do saber-fazer**. O seu desenvolvimento e a sua racionalização só foram possíveis quando foi encarada como um conjunto de técnicas baseadas em conhecimentos fundamentais desenvolvidos no âmbito das ciências físicas, químicas, biológicas e humanas. A agricultura é frequentemente apresentada como uma das melhores profissões da humanidade (Prévost, 1999). Para além do papel de educadora que sempre desempenhou na sociedade, é difícil ficar indiferente a esta profissão, que exige todas as qualidades intelectuais, morais e físicas do ser humano, que nos permite viver na natureza e que deixa uma grande margem para a iniciativa individual. Perante os desenvolvimentos em vários domínios, o agricultor deve ser ao mesmo tempo: uma arte, uma técnica e uma ciência - neste caso, a agronomia.

1.2.2. Um técnico agrícola

É uma pessoa que domina as técnicas de produção agrícola;

1.2.3. Um agrónomo: ou seja, uma pessoa com os conhecimentos científicos necessários (a agricultura não é uma profissão baseada em receitas que se devam seguir simplesmente, porque o instrumento de trabalho é o meio ambiente e a natureza é demasiado caprichosa para ser estável):

> **Um bom gestor, tanto mais** que a agricultura exige muitos factores de produção (equipamento agrícola, fertilizantes, pesticidas, etc.) e as margens de rentabilidade são frequentemente estreitas para muitas culturas;

> **Um bom gestor de negócios** que saiba gerir a sua força de trabalho (trabalhadores) e o equipamento agrícola;

> **Um homem de relações públicas** que saiba manter boas relações com toda a comunidade profissional (serviços de extensão, cooperativas, transportadores, fornecedores de factores de produção, etc.);

> **Um comerciante** que sabe como vender os seus produtos e obter um melhor rendimento com eles (os produtos agrícolas estão sujeitos à lei do mercado, ou seja, à oferta e à procura);

> **Um homem de progresso** que sabe adaptar-se aos novos contextos económicos, sociais e culturais, e que é também capaz de inovar. Podemos ver nele uma evolução socioeconómica.

Tendo em conta o que precede, podemos constatar que a agricultura é uma profissão complexa e difícil. Por vezes, as satisfações que proporciona não estão à altura dos problemas e das preocupações com que o agricultor se depara. Por isso, é aconselhável começar a produção em pequena escala e ir aumentando à medida que se domina a produção.

1.2.4 A agronomia é o estudo dos problemas físicos, químicos, biológicos e económicos colocados pela prática da agricultura. O agrónomo é a pessoa que se dedica às ciências agronómicas. Procura descobrir as leis da produção agrícola e estabelecer teorias agrícolas. Os agrónomos precisam de conhecer em pormenor os mecanismos da produção agrícola. Muitas vezes, o desenvolvimento de soluções para os problemas agrícolas requer uma mente capaz de integrar numerosos componentes e, na maioria das vezes, exige uma abordagem multidisciplinar permeada pelas diferentes ciências agronómicas. **O papel do agrónomo é contribuir para a otimização da produção agrícola, com vista a promover a segurança alimentar e o desenvolvimento económico.**

Entre outros aspectos, o agrónomo deve :

➢ Orientar as suas actividades para o profissionalismo, nomeadamente através do desenvolvimento de um espírito de iniciativa e de concorrência
➢ Participar na identificação dos problemas do sector agrícola e contribuir para a acumulação progressiva das referências técnicas necessárias para resolver os problemas que se colocam.

1.2.5 Agronomia e agricultura: A agronomia e a agricultura são dois domínios diferentes. A agronomia reúne um conjunto de disciplinas científicas orientadas para a aquisição de conhecimentos. A agricultura, por outro lado, é uma atividade finalizada que envolve a ação humana sobre o ambiente. Por outro lado, a agricultura não pode ser considerada como uma simples aplicação da agronomia, tendo em conta os muitos outros aspectos que regem o seu funcionamento. Embora a investigação agronómica se ocupe de situações agrícolas reais, os avanços dos conhecimentos adquiridos em agronomia através de abordagens experimentais nem sempre se traduzem em avanços semelhantes nas práticas agrícolas. Em particular, a agronomia permite - desenvolver abordagens de diagnóstico em ambientes de produção; - desenvolver e transferir novas técnicas.

A agronomia é uma ciência que reúne várias disciplinas. - Produção vegetal - Produção animal - Fertilização vegetal, nutrição animal e nutrição humana - Proteção e defesa das culturas - Ciência dos solos - Gestão da água - Biotecnologia - Maquinaria agrícola - Economia agrícola - Indústria alimentar - Ciência e engenharia do ambiente - Recuperação e reciclagem de resíduos - Ecologia e ambiente, etc. Muitas ciências fundamentais contribuem para o desenvolvimento da agricultura, nomeadamente:- a matemática- a estatística- a fisiologia- a bioquímica (ciência que trata dos problemas da vida, da constituição da matéria viva e das reacções químicas que ocorrem nos organismos vivos);- a microbiologia- a biologia- a botânica (ciência das plantas);- a genética- a pedologia (estudo dos solos existentes, tendo em conta a sua evolução no passado e as suas tendências de desenvolvimento futuro).

1.2.6 Segurança alimentar

O conceito de segurança alimentar refere-se à disponibilidade e ao acesso a alimentos em quantidade e qualidade suficientes. Ajuda a combater a subnutrição e a má nutrição e tem quatro dimensões:

1. Disponibilidade (produção interna, capacidade de importação, capacidade de armazenamento e ajuda alimentar).

2. Acesso (depende do poder de compra e das infra-estruturas disponíveis)

3. Estabilidade (em termos de infra-estruturas e de estabilidade climática e política)

4. Saúde, qualidade (higiene, principalmente acesso à água).

A segurança alimentar ultrapassa a noção de autossuficiência alimentar. A segurança alimentar não é necessariamente alcançada quando o abastecimento alimentar é suficiente. Temos de ser capazes de responder a questões como "quem produz os alimentos", "quem tem acesso à informação necessária para a produção agrícola", "quem tem poder de compra suficiente para adquirir os alimentos" e, finalmente, "quem tem poder de compra suficiente para adquirir a informação necessária para uma boa produção". São possíveis diferentes opções para aumentar a produção agrícola, através da adoção de sistemas de produção agrícola específicos: revolução vertical e horizontal, em países deficitários, que podem tornar-se auto-suficientes.

Autossuficiência alimentar A capacidade de um país satisfazer as necessidades alimentares da sua população apenas através da produção.

1.2 Alguns ramos da agricultura

> **Arboricultura**: refere-se à atividade de cultivo de árvores, geralmente árvores de fruto, para produzir frutos. (Manga, citrinos, rambutão, etc.).
> **A silvicultura** (do latim silvæ, bosques e florestas, e Cultura, cultura) é a exploração racional das árvores florestais. Consiste na conservação, manutenção e regeneração natural ou artificial (reflorestação) das áreas florestais. As florestas mantidas desta forma são geralmente utilizadas para fins comerciais (mobiliário, pasta de papel). No entanto, a silvicultura está também envolvida na proteção do ambiente (desenvolvimento sustentável) e na paisagem.
> Cultura hortícola: A cultura hortícola é um ramo da produção agrícola que inclui as actividades técnicas, económicas e alimentares relacionadas com a obtenção de produtos hortícolas para alimentação e condimentos. Trata-se do cultivo intensivo e profissional de produtos hortícolas e de certos frutos, ou mesmo de flores, para uso alimentar, com o objetivo de os comercializar. A horticultura comercial é um tipo de agricultura intensiva, que tem por objetivo maximizar a utilização do solo e produzir em ciclos

de tempo muito curtos. Por outro lado, requer recursos consideráveis (rede de irrigação, estufas, solos férteis, etc.) e uma mão de obra numerosa, uma vez que a mecanização é difícil de implementar neste tipo de culturas.

➢ **A horticultura** é o ramo da agricultura que se dedica à produção de plantas de jardim. O termo deriva do latim *hortus*, jardim. A horticultura opõe-se à agricultura no sentido de cultivo em campo aberto (*ager*, o campo). O seu domínio de atividade inclui as culturas alimentares: produtos hortícolas (horticultura), árvores de fruto, plantas ornamentais: flores de corte, plantas perenes, arbustos e árvores ornamentais, e culturas industriais: plantas aromáticas, condimentares ou perfumadas (baunilha, canela, etc.).

➢ **Agrologia** (estudo das propriedades do solo em relação à produção vegetal).

CAPÍTULO II: AGRICULTURA TRADICIONAL E MODERNA

A diferença notável entre estes dois conceitos é que, partindo da agricultura tradicional, certas técnicas ancestrais foram melhoradas para chegar à agricultura moderna. Certos métodos continuam a ser eficazes entre os dois termos (pontos em comum), como a associação de culturas, cuja diferença reside apenas na exequibilidade (escolha das culturas, tendo em conta as incompatibilidades e compatibilidades, o momento certo para o fazer, o espaçamento adotado, etc.).

2.1 AGRICULTURA TRADICIONAL

A agricultura tradicional é um sub-ramo da agricultura caracterizado por uma baixa utilização de tecnologia, baseada numa agricultura mista, com a produção destinada principalmente ao consumo próprio do agricultor

Eis algumas das características deste tipo de agricultura:

- Utilização de sementes não melhoradas, frequentemente atacadas, muitas vezes provenientes da colheita anterior, por vezes sementes degeneradas.
- A incineração é a única técnica utilizada para abrir as terras, sendo muitas vezes designada por agricultura itinerante (agriculture itinérante sur brulis), ou seja, uma cultura nómada em busca de fertilidade.
- Baixa densidade: devido a uma sementeira aleatória, ao desrespeito do espaçamento entre plantas e à presença de cepos e troncos de árvores, que reduzem a superfície disponível para o cultivo.
- Trata-se de uma agricultura extensiva com um baixo rendimento por hectare.
- Utilização de instrumentos agrícolas (catana, pá, enxada, etc.).
- O pousio é a única técnica de cultivo eficaz para restaurar a fertilidade, mas também são utilizados fertilizantes orgânicos (estrume) e outros fertilizantes, como cinzas e guanos.
- A chuva é a principal fonte de água (agricultura de sequeiro).
- Uma policultura com as espécies mais preferidas instaladas de forma desordenada.
- A não mecanização da agricultura e a utilização de pesticidas sintéticos para proteger as culturas.

Nos países subdesenvolvidos, é graças a esta agricultura que a população é poupada à subnutrição. É esta agricultura que constitui a pedra angular da investigação científica em agronomia.

2.1.1 AGRICULTURA ITINERANTE NO MATO

A agricultura de corte e queima é qualquer sistema agrário em que a terra é aberta por queimada e a terra é cultivada de forma descontínua, com um período de pousio superior à duração do cultivo (Conklin, 1957). Trata-se de um nomadismo cultural em busca de fertilidade.

A agricultura de corte e queima compreende várias fases:

(I)Desmatamento de uma parte da floresta (limpeza e/ou abate) ;

(ii) queima de resíduos vegetais ;

(iii) cultivo da terra durante um período geralmente curto;

(iv) reservado por um período geralmente longo.

A agricultura de corte e queima alterna entre períodos de cultivo e de regeneração florestal. Não é, portanto, uma forma permanente de agricultura.

Os anglo-saxões utilizam vários sinónimos. Entre os mais comuns, **a agricultura de corte e queima refere-se** à remoção do coberto florestal e à fertilização pelo fogo, enquanto **a agricultura itinerante**, a **agricultura de pântano**, a **agricultura itinerante** e a **agricultura itinerante se referem** à mobilidade - no espaço e no tempo - da porção de terra cultivada.

Figura 1: Abrir a terra queimando-a.

Figura 2: Agricultura de corte e queima.

Na zona intertropical, é uma boa adaptação às condições climáticas e pedológicas da floresta tropical, permitindo aos indígenas aproveitar a fertilidade dos solos florestais e o húmus completamente decomposto, abrindo a terra de forma menos dispendiosa,

Este método tem muitos inconvenientes, nomeadamente a desflorestação, o rápido declínio da fertilidade do solo, a sensibilidade do solo à erosão e o aquecimento global. Hoje em dia, com a pressão demográfica, esta técnica de deslocação das culturas sobre terras ardidas deve ser evitada devido aos seus efeitos nefastos. Os agricultores são chamados a tornar a produção vegetal mais sedentária, uma vez que as terras aráveis estão a diminuir constantemente enquanto a população aumenta exponencialmente.

2.1.2. TÉCNICAS TRADICIONAIS EFICAZES.

O ordenamento do território caracteriza-se pela associação e/ou justaposição da agricultura e da pecuária. Os sistemas de exploração são relativamente complexos e o desenvolvimento que os acompanha varia consoante a preponderância da agricultura sobre a pecuária (ou vice-versa) e a permanência dos assentamentos humanos. Distingue-se entre sistemas intensivos e extensivos.

2.1.2.1 SISTEMAS INTENSIVOS TRADICIONAIS

São praticadas nas zonas habitadas do planalto, onde as explorações familiares têm acesso aos três tipos de terras indispensáveis à autonomia de cada família (planície, encosta e cume). A agricultura mista intensiva é combinada com a criação de gado em pequena escala (ovinos, caprinos, suínos, aves de capoeira) numa paisagem coberta por sebes. As explorações familiares (geralmente com menos de 3 ha) estendem-se ao longo das encostas e combinam uma gama variada de plantas, desde o cume até ao vale.

As encostas superiores são pastagens para ovinos e caprinos (*Pennisetum purpureum, Panicum maximum*) ou campos de alimentação (temporários ou permanentes) onde o amendoim é cultivado juntamente com milho, batata-doce, feijão, inhame e ervilha-de-batata. Quando as densidades são baixas, o fogo é utilizado para limpar o terreno e renovar as forragens.

2.1.2.2 As técnicas de manutenção da fertilidade dos solos são versáteis

O pousio permite a reposição natural dos nutrientes do solo. Nos campos de culturas alimentares intensivas, o pousio é curto, entre as épocas de cultivo, ao passo que nos campos de amendoim nas encostas, o pousio é anual ou plurianual.

➢ **A integração da criação de gado com a cultura**: as parcelas de terra deixadas em pousio são pastoreadas por ovelhas e cabras, que aproveitam os resíduos das culturas e depositam o seu estrume. As pocilgas são regularmente deslocadas em redor das habitações e as terras libertadas são cultivadas.

Figura 3: Integração da pecuária na agricultura em sentido estrito.

Enterrar a matéria orgânica sob os sulcos: os resíduos das culturas, o estrume dos animais, os resíduos domésticos e as cinzas, bem como qualquer matéria orgânica suscetível de enriquecer o solo, são armazenados nos sulcos e cobertos com terra aquando da preparação dos campos. No entanto, como nem todo o estrume orgânico é transformado durante a época de cultivo, a lavoura expõe novamente os resíduos não humificados à superfície, o que protege parcialmente o solo.

Reciclagem da biomassa: é particularmente eficaz dada a alternância regular entre camalhões e sulcos. Enquanto os camalhões suportam as culturas, os sulcos recebem os resíduos domésticos e de monda que fertilizarão o futuro camalhão. Desta forma, em cada estação de crescimento, uma parte do solo é menos stressada do que a outra e é reabastecida para apoiar as culturas na estação seguinte.

➢ **A prática da "écobuage":** consiste em amontoar as ervas retiradas das parcelas, cobri-las com terra e, em seguida, atear-lhes fogo a partir de um buraco lateral. A combustão lenta preserva todas as cinzas da queima, protege-as da água da chuva e ajuda a fertilizar o solo.

Figura :4 Queima de madeira

➢ **Existem vários métodos de controlo da erosão:**

A combinação de várias culturas no mesmo camalhão: isto assegura a estabilidade do camalhão, uma boa cobertura do solo e reduz a erosão. Assim, é fácil perceber porque é que os grandes camalhões dispostos perpendicularmente ao declive são tão eficazes na resistência ao escoamento.

 A prática de duas épocas de cultivo: limitada às parcelas alimentares, garante uma cobertura permanente do solo, especialmente quando as culturas da primeira época estão parcialmente presentes nos campos.

Combinação de árvores com culturas: estas árvores de fruto ou florestais proporcionam a sombra necessária a certas culturas, diminuindo a velocidade do vento e preservando a humidade do solo. A sua folhada protege o solo do impacto das gotas de chuva e retarda a erosão.

 Manter os resíduos das culturas nos campos: estes incluem os caules de milho deixados de pé, os topos de amendoim deixados nos sulcos, etc., que cobrem o solo e o protegem dos elevados níveis de luz solar na estação seca e dos efeitos nocivos do escoamento. Alguns caules são utilizados para sustentar os inhames plantados mais tarde.

A dimensão e a disposição dos camalhões nas parcelas cultivadas: variam em função da posição topográfica, do tipo de cultura e da espessura do solo (apenas o comprimento do camalhão é, por vezes, ditado pela dimensão da parcela cultivada).

2.1.3 OBTENÇÃO DE MATERIAIS DE PROPAGAÇÃO

O material de propagação é muitas vezes colhido da cultura anterior e os agricultores recorrem aos seus critérios de seleção de sementes. As sementes são guardadas em celeiros ou semeadas diretamente.

 Escolha das terras: os agricultores recorrem a certas plantas indicadoras de fertilidade ou utilizam a duração do período de pousio.

2.2 AGRICULTURA MODERNA

A agricultura moderna (convencional, que se tornou produtivista e é também conhecida como agronegócio) pode ser intensiva ou extensiva: utiliza maquinaria, sementes melhoradas, proporciona uma produção elevada, reduz o custo da mão de obra ou o tempo de trabalho.

As características da agricultura moderna :

São utilizadas máquinas sofisticadas em todas as fases do ciclo de crescimento.

- ➢ Produtos químicos para aumentar a produção;
- ➢ Técnicas modernas, sementeira em linhas, sementes melhoradas;
- ➢ Fertilização: Os espalhadores de fertilizantes e de correctivos do solo fornecem ao solo os elementos minerais ou orgânicos necessários ao crescimento das plantas.

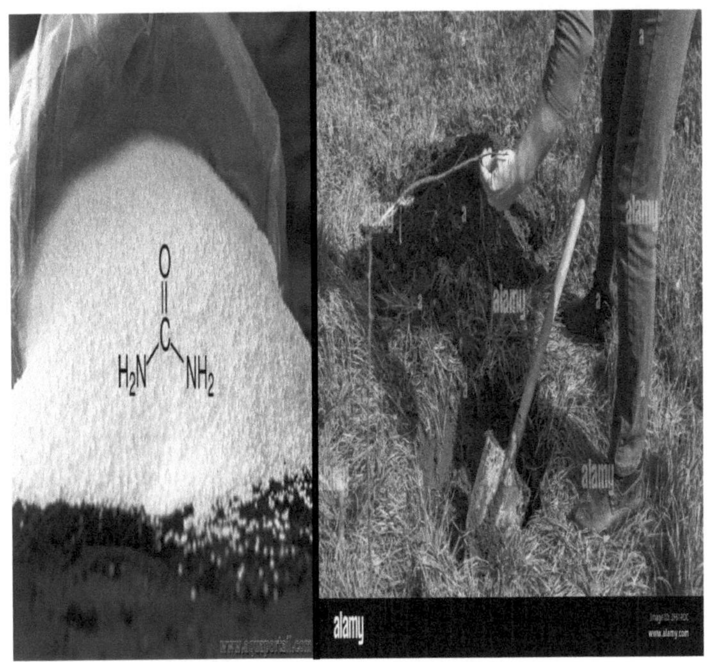

Figura :5 Fertilizantes (minerais e orgânicos)

- ➤ **Proteção fitofarmacêutica**: para combater os parasitas das culturas (doenças, ervas daninhas, insectos, fungos), o AOS utiliza pesticidas aplicados com um pulverizador ou depositados diretamente sobre a semente, ou ainda a luta mecânica.
- ➤ **Preparação do solo:** são utilizados vários tipos de equipamento para trabalhar o solo: charruas, cultivadores de restolho, grades, máquinas de amontoar, etc.

Figura 6: A máquina de formação de cumeeiras.

Figura 7: O semeador monogrão e as plantadoras

As culturas perenes são frequentemente semeadas pela primeira vez em viveiros em sacos de polietileno,

Figura 8: Sacos de polietileno

➤ **Colheita:** cada cultura tem a sua própria máquina de colheita.

Figura 9: A máquina de colheita de arroz.

➤ **Utilização de técnicas especiais de propagação vegetativa:** enxertia, estratificação, método PIF, micropropagação, etc.

Figura 10: Enxertia (cultivo da seringueira).

> **Os inconvenientes da agricultura moderna :**

Poluição, ao despejar grandes quantidades de estrume, produtos químicos e antibióticos nas fontes de água. Este facto põe em risco tanto os ecossistemas como a saúde humana.

O elevado custo de produção devido à aquisição de muitos factores de produção e de técnicas especializadas.

Para ultrapassar os inconvenientes da agricultura moderna, é necessário utilizar métodos que aumentem os rendimentos e preservem o ambiente: agroecologia, agricultura biológica, agricultura sustentável, agricultura integrada, etc.

a) A agroecologia utiliza a teoria ecológica para estudar e gerir os sistemas agrícolas, a fim de melhorar a sua produtividade e eficiência na conservação dos recursos naturais. Esta abordagem holística do desenvolvimento dos sistemas agrícolas e alimentares baseia-se numa vasta gama de tecnologias, práticas e inovações, incluindo os conhecimentos locais e tradicionais e a ciência moderna. Ao compreender e trabalhar as interacções entre as plantas, os animais, os seres humanos e o ambiente nos sistemas agrícolas, a agroecologia engloba múltiplas dimensões do sistema alimentar, incluindo as dimensões ecológica, económica e social.

b) A agricultura biológica é um método de produção isento de produtos químicos de síntese, organismos geneticamente modificados, reguladores de crescimento e aditivos alimentares. Também dá ênfase a uma abordagem holística da gestão agrícola em que os ciclos de rotação e os animais são parte integrante do sistema. A fertilidade do solo é a pedra angular da gestão biológica. Uma vez que os agricultores biológicos não utilizam nutrientes sintéticos para recuperar solos degradados, devem concentrar-se na construção e manutenção da fertilidade do solo, principalmente através das suas práticas agrícolas de base.

c) Agricultura de conservação: as práticas de agricultura de conservação melhoraram significativamente as condições do solo, reduziram a degradação das terras e aumentaram os rendimentos em muitas partes do mundo através da aplicação de três princípios:

> Perturbação mínima do solo ;
> Cobertura permanente do solo ;
> Rotação de culturas.

Para que um sistema agrícola seja verdadeiramente sustentável, é essencial que a perda de matéria orgânica nuncaexceda a taxa de formação do solo (o coeficiente de mineralização deve ser menor ou igual ao coeficiente de humificação). Na maioria dos ecossistemas agrícolas, é impossível respeitar este parâmetro quando o solo é sujeito a perturbações mecânicas. Este é um elemento-chave da Agricultura de Conservação, que limita a utilização de lavoura mecânica (ou preparação do solo) no processo agrícola.

A escarificação e a lavoura localizada também podem ser utilizadas (apenas na área onde a cultura será efectuada).

A mobilização zero é uma das técnicas utilizadas na agricultura de conservação. O principal objetivo desta técnica é manter uma cobertura biológica permanente ou semi-permanente do solo (por exemplo, uma cultura em pé ou um mulch) que proteja o solo dos raios solares, da chuva e do vento e permita que os microrganismos e a fauna do solo trabalhem o solo e mantenham o equilíbrio dos nutrientes.

d) Os sistemas agro-florestais incluem sistemas tradicionais e modernos de utilização das terras em que as árvores são geridas juntamente com as culturas e o gado em estruturas agrícolas. A combinação da gestão de árvores, culturas e gado atenua os riscos ambientais, cria uma cobertura permanente do solo para combater a erosão, minimiza os danos causados pelas inundações e contribui para o armazenamento de água, beneficiando as culturas e as pastagens. Podemos distinguir entre o sistema agro-pastoril, o sistema silvoagropastoril, etc.

CAPÍTULO III: AMBIENTES DE DESENVOLVIMENTO DAS PLANTAS

As plantas vivem em dois ambientes, o solo e a atmosfera. O solo fornece à planta os nutrientes, neste caso a água e os sais minerais (macroelementos e microelementos sob forma iónica) absorvidos pelos pêlos absorventes. A atmosfera fornece o dióxido de carbono (CO2) e a água, indispensáveis à fotossíntese que utiliza a energia luminosa. É também a fonte de azoto e de muitos outros gases e elementos essenciais ao metabolismo da planta, incluindo os factores climáticos, o oxigénio, etc.

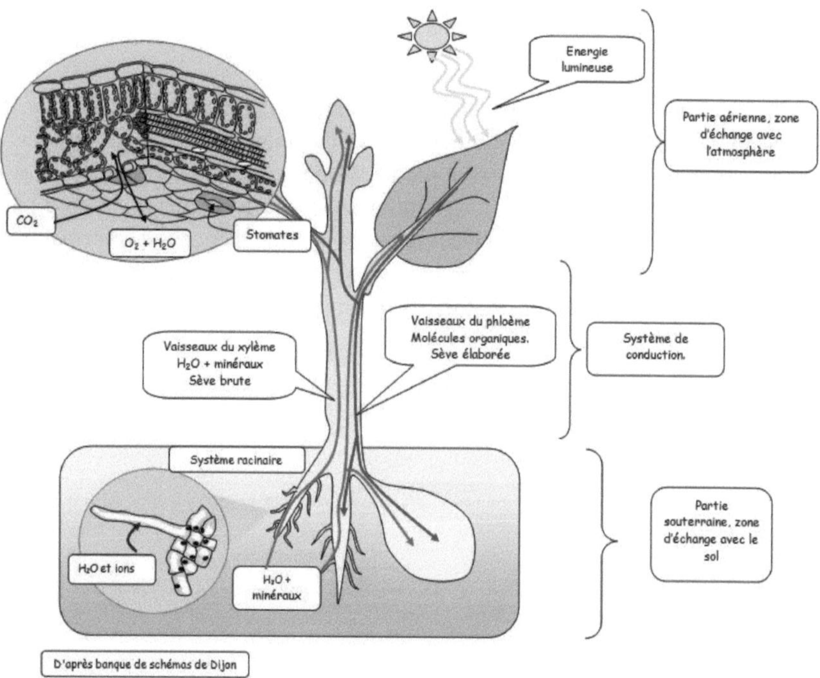

Figura 11: Ambientes vivos para as plantas (solo e atmosfera).

3.1. O SOLO

A qualidade do substrato em que as plantas cultivadas crescem tem uma influência considerável no seu potencial de produtividade. As propriedades do solo podem variar muito em função do clima, da posição na paisagem, da proximidade de cursos de água, da natureza da rocha-mãe e da intervenção humana. De um modo geral, a fertilidade química dos solos tropicais é muito inferior à dos solos das

regiões temperadas, uma vez que foram submetidos a processos de meteorização muito mais intensos, associados a temperaturas elevadas e a chuvas intensas. Em consequência, são geralmente muito mais pobres em nutrientes e, consequentemente, mais ácidos e mais acidificáveis, contêm praticamente apenas caulinite como tipo de argila e o teor de húmus desempenha um papel muito mais importante no seu nível de fertilidade global do que nas regiões temperadas.
 As deficiências de micronutrientes no solo causam desnutrição e deficiências de micronutrientes nas pessoas, uma vez que os produtos agrícolas cultivados nesses solos tendem a carecer dos nutrientes necessários para combater as deficiências nutricionais invisíveis". M.....

O solo é a fonte de alimentação da planta, e um solo bem equilibrado tornará a planta mais forte e mais bonita. Ela resistirá melhor às agressões climáticas e parasitárias.

As funções do solo (cobertura do solo) desempenham quatro grupos de funções essenciais em relação às necessidades e à saúde humanas:

- Funções biológicas O solo alberga, parcial ou totalmente, muitas espécies animais e vegetais, e muitos ciclos biológicos incluem o solo. Além disso, a atividade biológica do solo é essencial para a sua construção, funcionamento e fertilidade: agregação, porosidade, disponibilidade de nutrientes, etc. O solo não existe sem uma atividade biológica abundante e diversificada.

- Funções alimentares O solo produz e contém todos os elementos necessários à vida; acumula a maior parte destes elementos e coloca-os à disposição das plantas e dos animais. Funciona como uma despensa, mais ou menos grande e mais ou menos cheia. Grande parte do que as plantas absorvem e respiram provém do solo, e as plantas utilizam, direta ou indiretamente, toda a profundidade do solo, até vários metros abaixo da superfície.

- Funções de troca e de filtragem O solo é um meio poroso através do qual a água e o gás fluem constantemente. A água dos poços e das nascentes já passou pelo solo; a porosidade do solo influencia o seu abastecimento. O solo também actua como um filtro, transformando a água à medida que esta passa por ele. A qualidade química e biológica da água depende das propriedades do solo.

A saúde do solo foi definida como a capacidade do solo para funcionar como um sistema vivo. Os solos saudáveis mantêm uma multiplicidade de organismos do solo que ajudam a controlar as doenças das plantas, as ervas daninhas e as pragas de insectos, formam associações simbióticas benéficas com as raízes das plantas, reciclam os nutrientes essenciais das plantas, melhoram a estrutura do solo com efeitos positivos na capacidade de retenção de água e nutrientes do solo e, em última análise, melhoram a produção agrícola. Um solo saudável também ajuda a atenuar as alterações climáticas, mantendo ou aumentando o seu teor de carbono.

As propriedades físicas (porosidade, estrutura, textura, hidromorfia), as propriedades químicas (pH, toxicidade do alumínio, teor de elementos químicos, etc.) e as propriedades biológicas devem ser tidas em conta em relação às necessidades das culturas). Neste contexto, o solo pode ser selecionado de acordo com as necessidades de cada cultura, ou as propriedades do solo podem ser melhoradas de acordo com as necessidades de cada cultura.

Por exemplo, os legumes de folha e certos cereais requerem um solo rico em azoto com um elevado teor de matéria orgânica. Estas plantas são geralmente cultivadas no início da rotação.

Figura 12: Solo enriquecido com adubos verdes para hortícolas de folha.

As plantas geocárpicas requerem um solo leve para facilitar o desenvolvimento dos seus órgãos de armazenamento. Este grupo inclui as plantas com raízes tuberosas, as plantas tuberosas (inhame, batata, batata doce, taro), os amendoins, etc. Se o solo for pesado, é necessário soltá-lo através da lavoura. É por isso que a batata-doce e a mandioca são plantadas em montículos.

As culturas de raízes e tubérculos requerem um solo rico em potássio, enquanto as leguminosas requerem um solo rico em cálcio.

Em solos pobres em azoto, as leguminosas são capazes de fixar o azoto atmosférico em associação simbiótica com bactérias. A planta fornece fotossintatos às bactérias e estas, por sua vez, fornecem azoto atmosférico para o seu metabolismo.

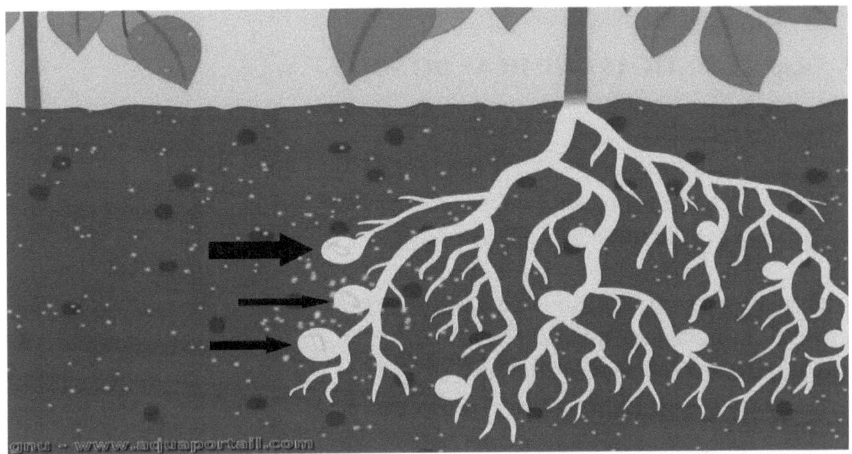

Figura 12: Associação simbiótica.

Nos solos hidromórficos, convém plantar plantas que suportem a presença de água, nomeadamente os legumes de folha. Os solos encharcados são também bem adaptados a espécies como a bananeira, espécies aquáticas que se adaptam a este fenómeno adaptando o seu sistema radicular, que é transversal.

Figura 13: Solo hidromórfico

Para as culturas que não toleram os solos encharcados, o solo deve necessariamente ser modelado para aumentar a sua profundidade ou espessura, que pode ser explorada pelas raízes. Entre estas medidas contam-se

➢ O monte ;
➢ Cumes ;

➢ Drenagem ;

CARACTERÍSTICAS QUÍMICAS DO SOLO

Reservas minerais

As plantas retiram do solo muitas substâncias minerais essenciais ao seu metabolismo. Estas substâncias são classificadas como :

Macroelementos: Estes são os elementos importantes que a planta necessita em grandes quantidades, por exemplo: N, P, K, Ca, Mg, S, enquanto os microelementos são os elementos que são igualmente importantes para a planta, mas a planta necessita deles em pequenas quantidades. Fe, Zn, Co, Mn, B, Mo, Cu.

O teor no solo de cada um destes elementos, as suas proporções e a sua disponibilidade para a planta são factores que influenciam o crescimento da planta. A carência ou o excesso de qualquer um destes elementos manifesta-se por uma variedade de sintomas específicos, cujo efeito é a redução dos rendimentos.

Ao exportar estes elementos, a planta empobrece o solo, tornando-o cada vez menos capaz de suportar novas culturas. A manutenção de uma produtividade elevada do solo implica, portanto, a reposição dos elementos exportados pelas culturas. A regeneração do solo pode ser conseguida quer deixando-o em pousio, quer fertilizando-o.

O pousio é o estado de uma parcela de terra entre a colheita de uma cultura e a plantação da seguinte. Caracteriza-se, entre outros factores, pela sua duração, pelas técnicas de cultivo aplicadas à terra e pelas funções que desempenha. Os pousios fazem parte da sucessão das culturas ao longo do tempo e, por conseguinte, do sistema de cultivo. Pode durar de alguns meses a vários anos.

Efeito anterior (cultura anterior)

O efeito anterior de uma cultura é definido como a variação do estado do ambiente entre o início e o fim de uma cultura ou de um período de pousio, sob a influência combinada da planta e das técnicas de cultivo, estando o conjunto sujeito à ação do clima. Compreender um efeito anterior não significa estabelecer uma relação estatística entre o rendimento de uma cultura e o rendimento da cultura que a precedeu. Trata-se de analisar as alterações dos parâmetros físicos, químicos e biológicos da parcela sob o efeito de uma cultura.

Por conseguinte, não podemos definir o efeito anterior de uma espécie vegetal: as alterações do ambiente induzidas por uma cultura de mandioca têm tanto ou mais a ver com a forma como a mandioca foi cultivada do que com o facto de se tratar de uma espécie de *mandioca*. Por definição, o efeito anterior é independente da cultura que se segue. Isto não significa que todas as culturas reagirão da mesma forma ao estado do ambiente associado à cultura anterior, mas que, para compreender as relações anterior/seguinte, é necessário introduzir um segundo conceito, o da sensibilidade da cultura seguinte.

Adubação

Distinguimos entre fertilização orgânica, fertilização mineral e a inclusão de plantas enriquecedoras na rotação de culturas.

Adubo orgânico

Provém da decomposição de resíduos vegetais e animais. Fornece não só nutrientes, mas também matéria orgânica, e desempenha um papel importante nas propriedades físicas e biológicas do solo. As perdas estão ligadas à sua mineralização, que é muito rápida a temperaturas elevadas. Isto explica o facto de os solos tropicais serem geralmente pobres em húmus.

A importância da matéria orgânica é considerável, tanto para o solo como para as plantas, na medida em que :

- Melhora a infiltração da água da chuva;
- Aumenta a capacidade de retenção de água e a CEC; - Melhora a estrutura do solo (papel cimentante).
- Reduz a erosão ;
- Retarda a lixiviação dos nutrientes, que retém energeticamente;
- Aumenta a atividade biológica do solo, servindo de fonte de matéria e energia para os microrganismos do solo;
- Liberta gradualmente elementos fertilizantes, nomeadamente NPK.

As formas de manter ou mesmo aumentar o teor de matéria orgânica do solo incluem :

- Fertilizante orgânico: uma tonelada de palha fornece ¼ do seu peso em húmus;

- Fertilização: em resultado de um crescimento mais vigoroso das plantas ;
- irrigação, pela mesma razão;

- Incorporar um cereal na rotação ;

- Relva em pousio ;

- - não incineração.

Existem vários tipos de fertilizantes orgânicos:

- **Estrume: trata-se de** uma mistura de dejectos animais e **palha**,

- **Composto**: trata-se de uma mistura de resíduos vegetais decompostos,

- **Adubos verdes**: são plantas que são semeadas para serem enterradas no solo para se decomporem,

- **Estrume líquido**: fertilizante orgânico produzido a partir de excrementos líquidos de animais.

O pH

O pH do solo influencia o crescimento das plantas, na medida em que afecta, entre outras coisas, a solubilidade e, por conseguinte, a disponibilidade dos elementos minerais para as plantas. O pH ótimo para a maioria das culturas situa-se em torno do neutro, entre 6 e 7.

Nas regiões tropicais húmidas, a intensa lixiviação de bases permutáveis (Ca^{2+}, Mg^{2+}, K^+), os solos são geralmente ácidos, com níveis de pH frequentemente inferiores a 5,5. Nestas condições, é frequente verificarem-se carências de Mo, Mg^{2+}, Ca^{2+} e P. Além disso, a acidez é acompanhada por doses tóxicas de Al^{3+} que impedem o crescimento normal das raízes em muitas plantas, como a cana-de-açúcar.

Nestes solos, é essencial aumentar o pH. O método clássico para o efeito é a **calagem**. Esta técnica já era conhecida há 200 anos a.C. Consiste em aplicar cal ($Ca(OH)_2$), calcário ($CaCO_3$) ou dolomite ($CaMg(CO_3)_2$.

Estas aplicações não só corrigem a acidez, mas também adicionam Ca^{2+} (e Mg^{2+}). A quantidade a aplicar varia consoante a natureza do solo e o tipo de cultura.

No entanto, o pH pode ser reduzido utilizando a forma de sulfato, por exemplo o sulfato de amónio. Esta operação é designada por **gessagem**.

O pH também afecta a atividade microbiana no solo. Num solo ácido, a maior parte das bactérias do ciclo do azoto não são muito activas. É o caso das bactérias fixadoras de azoto. O efeito do pH na vida microbiana também explica por que razão certas doenças fúngicas só se desenvolvem em solos ácidos, enquanto outras só proliferam em solos alcalinos.

Características biológicas do solo: o solo é um meio vivo em que os microrganismos e macrorganismos que o compõem participam na sua formação. As minhocas, por exemplo, são consideradas os engenheiros do solo.

Figura 14: Características biológicas do solo

3.1 CLIMA

Antes de abordar o clima, comecemos por mencionar os factores climáticos: precipitação, temperatura, luz e vento. Apenas a temperatura é um fator que não pode ser facilmente manipulado, enquanto os outros são fáceis de gerir. Por exemplo, em caso de stress hídrico, recorre-se à irrigação.

Nas regiões tropicais, não é geralmente a temperatura do ambiente que constitui o fator mais limitativo da produção vegetal, mas sim a disponibilidade de água ao longo do ano. O ano divide-se em estações secas e chuvosas. De um modo geral, perto do equador, o clima é húmido durante a maior parte do ano. À medida que nos afastamos do equador em direção aos trópicos, os períodos de seca são cada vez mais longos. Na ausência da interferência de grandes cadeias montanhosas, verifica-se uma mudança gradual dos padrões de precipitação bimodais (com duas estações chuvosas e duas estações secas) para padrões unimodais, com uma única estação chuvosa principal e uma única estação seca principal. A quantidade total de precipitação anual também tende a diminuir longe do equador, e a distribuição da precipitação tende a tornar-se menos regular. Perto dos trópicos, nas zonas mais secas mas mais soalheiras do mundo tropical, a disponibilidade de irrigação significa que podem ser atingidos níveis de produção muito elevados. A capacidade de compensar a falta de precipitação (em termos de quantidade total e de distribuição ao longo do ano) através da irrigação é um fator que limita grandemente os riscos de produção e maximiza a eficiência dos factores de produção utilizados. Nos trópicos, a temperatura é um fator limitativo da produção vegetal apenas nas zonas de altitude elevada (geralmente apenas durante os períodos secos, quando o clima é também o mais frio).

A regra geral é cultivar cada cultura num ambiente com a temperatura correcta. Outros factores climáticos no âmbito do curso geral de agricultura.

CAPÍTULO IV: COMPONENTES DO DESEMPENHO

4.1 Técnicas de cultivo para obter bons rendimentos

Para além dos factores que intervêm na produção agrícola (terra, trabalho e capital), vamos falar aqui do itinerário técnico a seguir para obter um bom rendimento.

Planeamento: a agricultura começa no papel, onde é necessário planear a área, a mão de obra, a cultura, os riscos, a quantidade de sementes a utilizar, a viabilidade e o calendário de cada operação.

➢ **A escolha da semente:** A escolha da semente é determinante para o sucesso de uma determinada cultura, nomeadamente das plantas de polinização cruzada. É necessário recorrer sempre aos centros de investigação para obter sementes de boa qualidade, uma vez que o vigor dos híbridos diminui com cada geração. No caso das plantas autopolinizadoras, é também preferível recorrer aos centros de investigação para obter sementes melhoradas, na sequência do fenómeno de autopolinização e cleistogamia, embora exista sempre uma taxa de polinização cruzada. Neste caso, as sementes devem ser colhidas no campo para uma seleção massal rigorosa, uma vez que a perda de características varietais é reduzida em comparação com as espécies de polinização cruzada. Os parâmetros a controlar são a pureza, a capacidade de germinação, o valor cultural, etc.

➢ **Preparação do terreno:** A preparação do terreno consiste em abrir a terra (não incineração, incineração ou um método intermédio) e trabalhar o solo. A mobilização do solo depende do tipo de cultura, das propriedades físicas do solo e da topografia do terreno.

Estabelecimento: esta fase inclui a sementeira direta, a plantação e a replantação. No caso da agricultura de sequeiro, a regra principal é respeitar o calendário agrícola, de modo a que as sementeiras e as plantações coincidam com o período das chuvas.

Cuidar da cultura: Cuidar da cultura implica controlar os seus inimigos e mantê-la em boas condições de produção. Quando se trata de controlar as ervas daninhas, o tempo é tudo, por isso é melhor intervir antes da fase vulnerável, a fase em que as ervas daninhas começam a causar danos à cultura, para que seja possível o controlo direto. Isto reduz a frequência da manutenção e facilita o crescimento normal da planta, uma vez que intervir demasiado tarde é um desperdício.

Para a praga, é necessário intervir no limiar económico, ou seja, a taxa de ataque reduzirá a produção. Os métodos preventivos são sempre aconselháveis, pois oferecem muitas vantagens.

De acordo com os diferentes métodos de monda utilizados, podemos referir : monda em anel, **monda em faixa**, **monda selectiva** e **monda geral** ou **limpa**.

Outras operações de manutenção incluem: amontoa, repicagem, estacaria, aramação, poda, etc. Todas estas operações serão desenvolvidas durante o trabalho prático no terreno.

Colheita: Na colheita, o primeiro aspeto a ter em conta é a maturidade de cada planta. Para as plantas com floração sequencial ou para economizar nas culturas cuja colheita pode ser adiada, **a colheita é escalonada** (como no caso da mandioca, do inhame e do feijão).

Figura 15: Colheita de óleo de palma e de feijão

Operações pós-colheita: transporte, armazenagem, **secagem....**
4.2 Componentes de desempenho :

Estes parâmetros, que podem ou não ter uma influência direta no rendimento das culturas, permitem estabelecer correlações com o rendimento, embora dependam também da natureza do produto útil visado por cada cultura.

a) Parâmetros vegetativos :

Temos os que são quantitativos e qualitativos.

➢ Taxa de germinação ;
➢ Taxa de elevação ;
➢ Diâmetro na gola ;
➢ Altura final da planta ;

➢ O número de ramos ;

➢ Número, cor e forma das folhas ;

➢ O número de nós e o comprimento dos entrenós ;

➢ Cor e comprimento médio dos pecíolos ;

➢ Área foliar

b) Parâmetros generativos.

➢ O número médio de flores ;

➢ Taxa de aborto de flores ;

➢ Número médio de frutos ;

➢ Peso médio dos frutos ;

➢ Número de tubérculos e de raízes tuberizadas ;

➢ A forma da T&R tuberizada ;

c) Parâmetros fitossanitários.

➢ O impacto ;

$$\text{Incidência} = \frac{\text{número de plantas doentes}}{\text{número total de plantas}} \, x100$$

➢ Gravidade: Nível de gravidade expresso em relação à pontuação. Pode ser determinado com base nos sintomas ou calculado.

$$\text{Gravidade} = \frac{\text{soma da cotação}}{\text{número total de plantas}}$$

Exemplo de algumas escalas de classificação :

- O caso do MAM (Mosaico Africano da Mandioca).

1. Sem sintomas visíveis (resistência aparente)

2. Início dos sintomas (manchas cloróticas)

3. Mosaico espalhado por toda a superfície da folha

4. Distorção de 2/3 das folhas e redução geral do tamanho das folhas

5. Mosaico severo, distorção severa de 4/5 da folha lanceolada.

- Ferrugem de Basileia

1: Sem ataque, 0% da superfície da folha ;

3: Ataque fraco, 1 a 25% da superfície foliar, ou seja, ¼ ;

5: Ataque médio, 26 a 50% da superfície foliar, ou seja, ½ ;

7: Ataque severo, 51 a 75% da superfície foliar, ou seja, ¾ :

9: Ataque forte, 76 a 100% da superfície foliar, ou seja, 4/4.

- <u>Caso de BBTD</u>

0 Sem sintomas ;

1. Estrias nas folhas ;

2. Sulcos até ao pseudocaule ;

3. Descoloração das folhas de tamanho normal;

4. Diminuição do tamanho das folhas descoloridas ;

5. Aspeto "topo cacheado

CAPÍTULO V: ALGUMAS TÉCNICAS AGRÍCOLAS ESPECIAIS
5.0 Introdução

Neste capítulo, serão abordadas algumas técnicas de produção em massa de material de propagação de plantas para resolver o problema da quantidade de material num determinado momento e para resolver ou atenuar a propagação de material infetado no contexto da agricultura em grande escala. Serão também estudadas técnicas agrícolas que podem contribuir para a revolução verde vertical, para aumentar a produção sem necessariamente aumentar a superfície (por exemplo, a cultura do arroz irrigado e muitos outros métodos).

5.2 Método PIF de BANANIER.

Existem vários métodos tradicionais ou melhorados para a produção de plântulas, mas o seu rendimento continua a ser modesto devido à utilização de rebentos balonados (MBENGA, 2022).
Para aumentar a taxa de multiplicação, fazemos :

a) Multiplicação por decapitação de pseudotruncos.
b) Dobragem do pseudo-tronco.
c) Falsa decapitação de pseudotrunks.
d) Ridging.
Os produtores que plantam pequenas áreas de plátano têm dificuldade em obter plantas de qualidade (escassez de plantas, custo elevado, quantidades indisponíveis para compra). Para responder a estas preocupações, bem como a questões agronómicas (períodos de pousio curtos devido à falta de terras)

O método PIF (plantas a partir de fragmentos de caule) para a propagação em massa de bananeiras foi desenvolvido pelo Centre Africain de Recherche sur le Bananier Plantain (C.A.R.B.A.P.) devido à baixa taxa de produção de rebentos e à sua má qualidade sanitária (presença de nemátodos e gorgulhos). Os resultados foram mais do que satisfatórios, uma vez que a planta pode ser cultivada intensivamente com elevada produtividade (uma média de cerca de cinquenta plantas por bolbo) e podem ser produzidos rebentos saudáveis em 3 a 4 meses, em qualquer altura do ano (graças à cultura em estufa, que aumenta a temperatura no inverno) (C. MARSAUDON, 2019).

Vantagens do método :

➢ Reduzir o risco de propagação de pragas (nemátodos, gorgulhos),
➢ Produção em massa de resíduos num ambiente saudável, em qualquer altura do ano.
➢ Homogeneidade das plantas,

➢ Dispositivo inovador, acessível a todos e que requer poucos conhecimentos técnicos

Técnica: O método PIF envolve uma série de etapas convencionais, nomeadamente

- **Construção de estufas: aumenta a temperatura para acelerar a germinação. Se se tratar de um ambiente de terra, é necessário colocar um oleado por baixo.**

Figura 16: Estufa para o método PIF Fonte (:Mbenga,2022)

- **Substratos a utilizar**: serradura, casca de arroz, brasas, etc.

Figura 17: Serragem (um dos substratos para o método PIF)

➢ **Preparação do material vegetal** :
- Retirar as raízes e a terra à volta do rebento,
- Lavar os resíduos com água limpa;

- Deixar secar durante um dia sobre uma superfície limpa com lixívia.

> **Preparação de explantes**

- A poda "em branco" ou a preparação dos bolbos e a sua lavagem em água limpa. A vantagem do corte em branco é que o material vegetal está livre de nemátodos e gorgulhos.
- Cortar as bainhas ou descascá-las. Esta operação produz um "explante",
- Retirar o botão apical (fazer uma incisão em forma de cruz a 3 cm de profundidade no centro do bolbo),
- Tratar com inseticida/ematicida/cinzas de madeira ou um produto aprovado,
- Deixar os explantes em repouso numa superfície limpa (48h a 72h).

Figura 18: Corte de descarga na fonte (Mbenga, 2022)

- Encher o germinador até à borda com serradura ou outro substrato pré-tratado.
- Coloca os explantes em filas até o bloco estar completamente cheio, para que possas ver onde cada um está localizado,
- Pressionar os explantes na serradura e cobri-los com ela.
- Feche hermeticamente o germinador e coloque o pano de sombra,
- Regar o germinador 2 a 3 vezes por semana, meia hora por sessão. A rega faz baixar a temperatura do germinador, humedece o substrato e rega as plantas.

> **Desmame das plântulas e instalação no viveiro**

- 15 dias a 3 semanas após a plantação, verificar o crescimento das plantas,
- 40 a 45 dias após a plantação (fase: 2-3 folhas visíveis), desmamar as plantas mais vigorosas, separando as plantas jovens do explante com um objeto afiado e desinfectado.

Figura 19: Desmame de rejeitados

- Colocar de novo os vasos numa mistura de terra normal e de terra enriquecida, e depois regar as plantas. Esta ação favorece o desenvolvimento do sistema radicular.

Colocar as plantas jovens em condições óptimas (longe do sol, regar todos os dias) para limitar as perdas durante 3 meses.

Figura 20: Viveiro de bananeiras utilizando o método PIF.

5.2 Multiplicação rápida de rebentos de ananás *(técnicas de planta viva de ananás)*

As plantações de Ananera são geralmente criadas a partir de plântulas retiradas de plantações antigas.

O abastecimento de rejeitados de ananás nem sempre é fácil para quem pretende cultivar ananás em grandes superfícies. Quando estão disponíveis, são frequentemente de má qualidade. Daí a necessidade de os produtores produzirem e acondicionarem os seus próprios rejeitos se quiserem obter bons resultados no campo. O objetivo desta ficha técnica é mostrar aos produtores como utilizar os diferentes métodos de propagação de rebentos de ananás, e como prepará-los adequadamente para a plantação. (Modeste BIDIMA)

A escassez crónica de rebentos na Costa do Marfim criou uma necessidade permanente de sementes, o que limita a extensão das plantações e a produtividade da cultura. Para responder à enorme necessidade de material de plantação, foi desenvolvido um método de propagação rápida in vivo de rebentos a partir de caules descascados.

5.2.1 Técnicas tradicionais para aumentar a produção de resíduos :
> **O método de manutenção direta do cepo após a colheita de frutos**

De um modo geral, existem mais de 5 tipos de descarga:

- **A coroa: situada** na parte superior do fruto em estado de dormência que, uma vez plantada, retoma o seu desenvolvimento.
- **O cayeu de cepa:** que se origina na parte subterrânea do caule ou no colo da planta. Emite raízes que penetram no solo e tem geralmente folhas mais longas. Este caio de base é muitas vezes chamado de "rebento" ou de "rebento".
- **O bulbilho:** que começa na base do fruto e que se desenvolve a partir de um botão axilar no pedúnculo. O bulbilho é o melhor material vegetal para a propagação do ananás porque assegura um ciclo muito regular. Contudo, os bolbilhos são raros: geralmente apenas 1 por planta.
- **O Happe:** rebento intermédio entre o caio e o bulbo. Desenvolve-se a partir do botão axilar, situado na junção do caule com o pedúnculo do fruto.
- **O caule do caiaué:** que se origina do botão axilar do caule. O seu gomo terminal é semelhante ao do caule. É este botão que garante a segunda colheita na mesma planta. A sua base tem o aspeto típico de um bico de pato. O caioué é mais frequentemente utilizado como material vegetal em culturas industriais.

O método de manutenção dos cepos consiste em manter os cepos in situ, após a colheita dos frutos. A parcela deve ser mantida limpa e arejada para permitir o crescimento do cepo. É assim que se procede:

- Após a colheita, deixar o cepo repousar durante alguns dias;
- A poda das folhas permite reduzir a superfície de consumo dos nutrientes pelo cepo, acelerando assim o seu desenvolvimento;
- Capina regular da parcela para arejar os cepos e reduzir a humidade;
- Pulverizar com uma mistura de inseticida e fungicida após 3 semanas;
- Adicionar 5 g de ureia por estirpe de 3 em 3 meses.
- Colher todos os meses os rebentos maduros para plantar.

Isto significa que pode manter os seus cepos durante 18 meses, colhendo 4 a 5 vezes de cada cepo, ou seja, 4 a 5 rebentos por cepo.

5.2.2 Método para plantas vivas

A multiplicação de rebentos de ananás em caules sem casca baseia-se em plantas velhas ou plantas-mãe de uma plantação que já foi colhida. As plantas desenraizadas são despojadas das suas folhas, raízes, base terminal e pedúnculo. O caule obtido é lavado em água e cortado longitudinalmente em dois.

Preparação dos substratos de crescimento

São utilizados vários substratos: terra para vasos, turfa, pergaminho de café bem decomposto, terra para vasos + fibra de coco grossa, turfa, húmus. Os diferentes componentes do substrato são misturados em porções iguais. Cada parte seccionada dos caules foi ligeiramente pressionada no substrato. Os caules são regados

Condução :

- Desinfetar os fragmentos obtidos, mergulhando-os completamente numa solução fungicida (Ridomil+; 1 saqueta em 5 litros de água).
- Faça uma tábua de 15 cm de altura com terra preta rica, na qual cavará sulcos paralelos com 5 cm de distância, no interior dos quais os fragmentos serão plantados - Coloque os fragmentos de ponta a ponta e de forma plana nos sulcos, a intervalos de 15 cm - Certifique-se de que o lado cortado está virado para o solo, o que ajudará as raízes a crescer.
- Cobrir com uma camada fina de terra (1 cm) e aplicar uma cobertura vegetal ligeira.
- Regar uma vez de 3 em 3 dias

Após três semanas, cada fragmento terá brotado na parte superior e, 2 meses mais tarde, as suas jovens plântulas terão 4 a 5 cm de altura. Instalar um viveiro constituído por um ou vários canteiros de 15 a 20 cm de altura, à sombra.

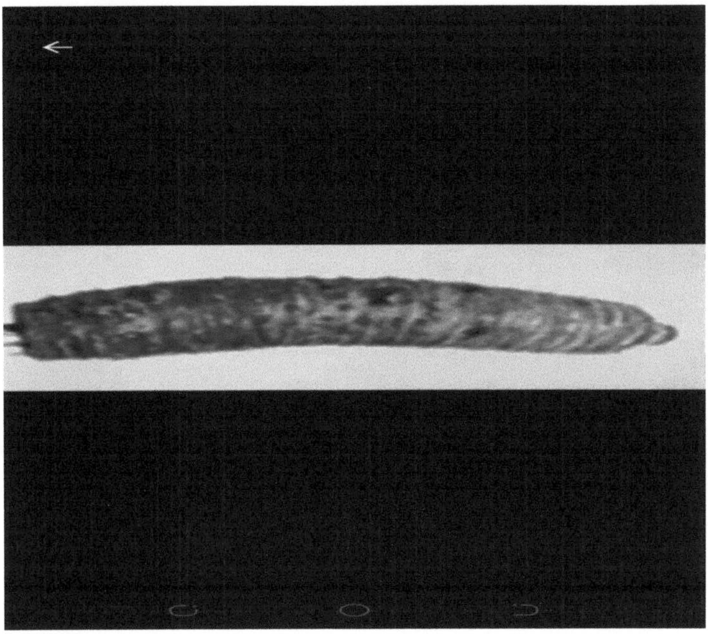

Figura 21: Caule de ananás preparado para a técnica "vivoplant

O acondicionamento do rejeitado consiste em drenar, classificar, desinfetar e aparar.

Multiplicação rápida do inhame

A cultura do inhame coloca o mesmo problema de material de propagação: na cultura tradicional, os agricultores utilizam a parte conhecida como *"cabeça"*, caso em que o coeficiente de multiplicação é muitas vezes ligeiramente superior a 1. Para remediar esta situação, *é* utilizada a técnica de multiplicação rápida através de tubérculos e de multiplicação por estacas de caules aéreos (*estaca de videira).*

Figura 22: Micropropagação do inhame.

NB: A técnica de multiplicação rápida do material de propagação é utilizada para todas as plantas com tubérculos ou caules subterrâneos (taro, batata-doce, macabo, etc.).

5.4. Arroz de regadio

Trata-se de um sistema muito importante, pois interessa à maior parte da população rural do Extremo Oriente (China, Coreia do Sul, Japão, Taiwan, Vietname do Norte, Tailândia, Índia, Sri Lanka).

No entanto, a distribuição deste tipo de agricultura é limitada, nomeadamente quando o terreno é plano, há muita água, o solo é muito retentivo de água ou o subsolo é impermeável.

Este sistema permite obter rendimentos elevados e sustentáveis na mesma parcela de terreno. Isto deve-se em parte aos seguintes factores:

- Manter o solo debaixo de água reduz a erosão;
- A natureza do solo limita a lixiviação dos nutrientes;
- A água bruta e a água de irrigação trazem sedimentos em suspensão e outras substâncias minerais em solução;
- A água dos arrozais contém algas azuis-verdes que fixam o azoto atmosférico.

A cultura do arroz de regadio tem muitas variantes

No entanto, existem alguns pontos em comum:

- Os campos são dispersos e de pequena dimensão
- O trabalho é efectuado pelos membros da família;
- Tal como as culturas itinerantes, trata-se de um tipo de agricultura de subsistência;
- Encontrada em regiões com elevada densidade populacional (deltas do Ganges e do Tonquim, certas regiões de Java: > 1.500/km²; Bangladesh: > 340/km²);
- O arroz é a cultura dominante;
- Utilização intensiva das terras ;
- Muito trabalho.

A data de chegada e de retirada, bem como a altura da onda de água, são controladas (55% das superfícies). Esta é a base da revolução verde dos anos 60: a utilização simultânea de variedades semi-anãs potencialmente muito produtivas, de adubos minerais e de pesticidas, combinada com um bom controlo das ervas daninhas através da transplantação e da monda manual, permitiu atingir rendimentos médios de 4 a 5 t/ha. O arroz é frequentemente cultivado como uma única cultura. A utilização de variedades precoces e não fotossensíveis permite até três ciclos de cultivo por ano. Com o aumento do custo da mão de obra, a tendência é para abandonar a transplantação em favor da sementeira direta. O grande desafio consiste em melhorar os níveis de produção através de técnicas mais respeitadoras do ambiente e mais económicas em termos de água.

➢ Campos de arroz inundados

Neste caso, não são controladas as datas de chegada e de retirada nem a altura do nível da água. O sistema de cultivo mais difundido é a sementeira direta. Os rendimentos raramente ultrapassam as 4 t/ha. A principal preocupação é manter os rendimentos estáveis em torno de 3 t/ha. As variedades utilizadas devem ser resistentes e a sua altura e ciclo bem adaptados ao regime hídrico.
É feita uma distinção entre a submersão de 0 a 50 cm (23% das zonas) e a submersão de mais de 50 cm, incluindo o arroz flutuante (10% das zonas).

➢ Instalação da cultura

Existem dois métodos principais: a transplantação e a sementeira direta; esta última pode ser subdividida de acordo com o estado do solo no momento da sementeira e com a gestão da água após a sementeira.

• Preparação do solo

Uma ou duas lavouras e várias grades em solo seco ou após a rega, quando a cultura é plantada em lama. Recomenda-se uma lavoura no final do ciclo para enterrar os resíduos da cultura e arejar o solo. A cama de sementeira deve ser preparada ou enlameada imediatamente antes da sementeira ou da transplantação, para deixar o solo livre de ervas daninhas. Estas operações podem ser efectuadas com recurso a uma cultura mecanizada, bem como a uma cultura manual ou com recurso a arneses. Nas culturas de sequeiro em queimadas ou em coberto vegetal, o solo não é trabalhado.

- **Viveiro**

Consiste em assegurar a primeira fase de desenvolvimento do arroz num ambiente bem controlado. $_{25}$O solo é solto em pequenas tábuas, limpo de ervas daninhas, fumado (nomeadamente com P O), barrado e nivelado. Sementes

Pré-separados e tratados com uma mistura de fungicida e inseticida, pré-brotados ou não, são semeados à razão de 10 a 20 kg por 100 m2 de viveiro. [2]São necessários 400 m de viveiro para um hectare de arrozal, ou seja, uma relação de 1 para 25.

O viveiro é submerso após a emergência, acompanhando o desenvolvimento do arroz, mas não excedendo 10 cm. Nas Filipinas, foi desenvolvido um método particularmente sofisticado que utiliza película plástica, o viveiro *dapog*. Este método reduz a superfície e a quantidade de sementes utilizadas. A sua utilização exige campos de arroz perfeitamente nivelados (MONZENGA,2020).

Figura 23: Viveiro de arroz.

- **Transplantação**

O parâmetro mais importante é a idade das plantas aquando da transplantação. A idade óptima é de vinte a trinta dias; para além disso, existe uma correlação negativa entre a idade das plantas e o potencial de produção. As plantas a transplantar são arrancadas, lavadas, enfardadas, preparadas e transplantadas no mesmo dia ou, no máximo, num prazo de dois dias. A transplantação deve ser efectuada a uma profundidade de 2 a 5 cm (uma maior profundidade reduz a capacidade de perfilhamento) e o número de rebentos por tufo deve ser de três a dez, em função da fertilidade do solo, que favorece o perfilhamento, e da idade das plantas, que reduz o perfilhamento. A recuperação ocorre cinco a quinze dias mais tarde, consoante a idade das plantas aquando da transplantação.

Figura 24: Replantação de arroz

➤ Sementeira direta

São utilizados três métodos diferentes, consoante o estado hídrico do solo no momento da sementeira: sementeira no lodo, sementeira em 5-10 cm de água e sementeira em seco. Os dois primeiros aplicam-se apenas à cultura do arroz de regadio, enquanto o terceiro é utilizado na cultura intensiva do arroz de regadio (Austrália, Estados Unidos, Europa), na cultura do arroz inundado (África, Ásia) e na cultura do arroz de sequeiro. A sementeira direta é, na maior parte dos casos, feita por difusão. No entanto, nos sistemas de plantio direto, é efectuada em parcelas.

Em comparação com a transplantação, a sementeira direta tem a vantagem de ser menos trabalhosa no início do ciclo, de não submeter as plantas jovens a um choque fisiológico que prolonga o ciclo e de ser mais adaptada à cultura mecanizada. As suas principais desvantagens são o facto de necessitar de mais sementes e, sobretudo, de provocar uma maior pressão das ervas daninhas, exigindo mais mondas mecânicas ou químicas.

➤ Manutenção

Irrigação

O lençol freático é um instrumento de controlo das ervas daninhas, um volante térmico, um regulador do pH e um regulador do crescimento e do desenvolvimento do arroz. Em geral, aumenta gradualmente à medida que o arroz se desenvolve, estabilizando-se depois a uma altura de 10 a 25 cm até à floração. À medida que o arroz amadurece, vai secando gradualmente, o que é importante para a qualidade do grão. Estão disponíveis técnicas de irrigação mais sofisticadas para aumentar a eficiência da água. Consoante o tipo de solo, a duração do ciclo do arroz e os métodos de irrigação utilizados, a eficiência hídrica varia entre 0,2 e 1,2 g de arroz por litro de água consumida.

> **Controlo de ervas daninhas**

As infestantes são frequentemente o principal fator limitante da produção de arroz. As medidas preventivas raramente são suficientes: sementes sem ervas daninhas, limpeza, etc.

Canais e diques, boa preparação do solo, utilização judiciosa de rotações de culturas e bom controlo da água.

Os métodos de controlo químico das infestantes (pré-emergência ou pós-emergência, com ou sem intervalo de água) devem ser adaptados ao modo de plantação da cultura (transplantação ou sementeira direta), ao nível de controlo da água e aos tipos de infestantes presentes. A escolha dos produtos deve igualmente ter em conta os riscos ambientais, incluindo o risco de desenvolvimento de resistência por parte das infestantes.

Figura 25: Sistema de cultivo intensivo de arroz

5.5 Ratooning

Esta técnica consiste em multiplicar a rebrota de forma mais generalizada após a primeira colheita.

**Figura 26: Catões.

BIBLIOGRAFIA

ANÓNIMO, SD: Técnicas dos agrónomos, práticas dos agricultores.

BIDIMA, M.R., S.D: Cultura do ananás "multiplicação e gestão de rebentos".

CONKLIN, H. C. 1957: Hanunoo agriculture: a report on an integral system of shifting cultivation in the Philippines, No. 12. Roma.

DELESS, T ; ISSALI, E. F.; AUGUSTE, E. ; KOUASSI K.,:2015 : Como produzir vivoplantes de ananás em massa .

DIEDHIOU, P.C.C., 2019 : Etude comparative des rendements et de la rentabilité du Système de Riziculture Intensif (SRI) et du Système Traditionnel dans le département de Ziguinchor

DOUNIAS E., SD: La Diversité Des Agricultures Itinérantes Sur Brûlis (A Diversidade das Agriculturas Itinerantes de Queimadas)

FAO 2015: Solos saudáveis são a base da agricultura alimentar.

GREEN, J., 2007: Guide de la formation sur la conduite de la riziculture. Agência de Cooperação Internacional do Japão.

https://www.province-nord.nc

LITUCHA, J., 2019: Agricultura geral e comparada. Cursos não publicados IFA-YANGAMBI.

MARSAUDON, C., 2019: Técnicas de plantação a partir de fragmentos de tronco. Província Nord.

MAZINGA, K, M., 2019: Notas de curso de agricultura geral. Laboratório de cultura in vitro - FSA-UNILU

MBENGA, Y., 2022: Influência

MONZENGA, J.C., 2017: Notas de curso de fitotecnia geral. Curso inédito IFA-YANGAMBI.

NORMAN, 1975 : sistemas de culturas tropicais

I want morebooks!

Buy your books fast and straightforward online - at one of world's fastest growing online book stores! Environmentally sound due to Print-on-Demand technologies.

Buy your books online at
www.morebooks.shop

Compre os seus livros mais rápido e diretamente na internet, em uma das livrarias on-line com o maior crescimento no mundo! Produção que protege o meio ambiente através das tecnologias de impressão sob demanda.

Compre os seus livros on-line em
www.morebooks.shop

Printed by Books on Demand GmbH, Norderstedt / Germany